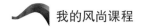

我的风尚课程

U0188380

设计师手作包

来自巴黎的时尚和优雅

分步骤解析制作20种款式

〔法〕Estelle Zanatta　Marion Grandamme ／著

史潇潇 ／译

上海科学技术出版社

编者的话

　　没有哪个女人不喜欢包包。名牌包包或者心仪的包款具有的魅力，几乎可以"包"治女性疯狂迷恋时尚的各种"症状"。

　　手提包、斜挎包、休闲包都是搭配服装的重要装饰物，它是服装的配饰，能装点衣物使之形成一种风格。由于我们疯狂热爱这些日常生活中的配饰，我们决定发起一个挑战：为我们心爱的包包写一本书。

　　我们将在本书中介绍不同形状包包的制作方法。制作包包是一种不错的休闲方式，而您就可以根据本书制作自己喜欢的包包（本书最后赠送实际大小的包包纸样）。有了这本书，您可以创造属于您自己的风格，一个属于自己的独一无二的包包：可以是晚礼服包、日常工作用的包、出门购物提的大包抑或是运动包。

　　我们根据包包的历史选择了十种不同形状的基础款包包，基本上每种形状的包都会根据材质或工艺的不同有一到两种变化。每一个制作步骤我们都加入了一些解释，同时也有一些小窍门可以为您提供捷径。我们建议您从第一款简单的包包开始入手，以便您熟悉一些基础的技术。每一款包包的难易程度在书页上部都有标识。

　　我们还为您构思了一些可以举一反三的、制作简单的、实用的和精巧的包包的变化款式。当您掌握了一些基本形状的包包的制作方法之后，您就可以自由地创作啦！

目　录

工具和材料 ·· 6

词汇和建议 ··· 9

款式一：
简单小布包 / 10
分步制作
安装拉链 / 12

款式二：
折拢的小布包 / 14
分步制作
制作一个简单的口袋 / 16

款式三：
购物包 / 18
分步制作
缝制匀称的明线 / 20

款式四：
透明包 / 22
分步制作
安装斜裁布条 / 24

款式五：
大篮子包 / 26
分步制作
制作手柄 / 28

款式六：
盒包 / 30
分步制作
安装有角的边线 / 33

款式七：
带翻盖的盒包 / 34
分步制作
安装折叠部分拉链 / 36

款式八：
球状包 / 38
分步制作
安装金属圈 / 40

款式九：
水桶包 / 42
分步制作
制作包的口袋 / 44

款式十：
香蕉包 / 46
分步制作
制作一个贴袋 / 48

款式十一：
小型运动包 / 50
分步制作
安装托带 / 52

款式十二：
旅行包 / 54
分步制作
安装镶边 / 56 制作手
柄 / 57 准备包底 / 58

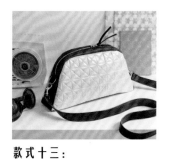

款式十三：
保龄球包 / 60
分步制作
制作皮质肩带 / 62

款式十四：
小挎包 / 64

款式十五：
铆钉挎包 / 68

款式十六：
撒哈拉风情包 / 72

款式十七：
凯莉包 / 76
分步制作
安装磁铁按扣 / 78

款式十八：
梯形包 / 80
分步制作
制作肩带和扣环 / 82

款式十九：
香奈儿款包 / 84
分步制作
绗缝翻盖 / 86

款式二十：
信封包 / 90
分步制作
安装隐形磁铁按扣 / 92
制作窗口拉链口袋 / 93

工具和材料

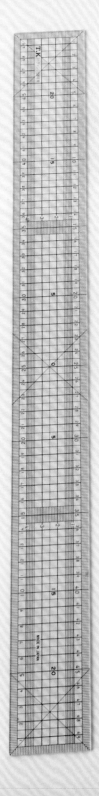

书中所提到的所有织物都是布料

全球布料

- 一把尺子（图1）。

- 两把用于剪纸的剪刀和一些用于剪布的剪刀（图2）：把剪纸刀和剪布刀分开来的目的是使剪布刀保持锋利。

- 一支可擦性的水笔（图3）：它很实用，因为这种笔的痕迹会在熨斗的热度下消失，它配有可更换的笔芯（图4）。

- 一支粉笔（图5）：用于某些特殊材质及深色布料。

- 一支自动铅笔（图6）：尽量选择H型，而不要选择HB型。

- 一把剪线刀（图7）。

- 一把拆线刀（图8）。

- 一些别针。

- 一些钮孔（图9）和一条金属链条（图10）：这些五金配饰可以用来装饰包包。

- 一些热胶合布（图11）：有各种热胶合布作为包包的辅料。有薄的、厚的、硬挺的、加绒的。

- 一台缝纫机。

- 一些线（图12）：如果您找不到合适的颜色，就用深色的线。

- 一些白纸：用于做保护层。

注意：拉链有各种不同的类型，有不同的尺寸、颜色、宽窄度、拉链头（塑料的、金属的、不同颜色的、细的、宽的）。
工具清单写在前面，请根据不同的材质加以搭配。

词汇和建议

一堂好的缝纫课就像一份菜谱，在开始上手之前，请确保您已备齐所有材料，最好您有几小时的空闲时间时再开动，在桌子上准备好所有材料，然后再看一遍图解。

如果您是新手，请准备好耐心和注意力，要先尝试几次才能慢慢积累经验。如果您已有不错的基础，在学习完本书的几个款式之后，您也可以发挥想象力，结合各种款式，加上一些创意，制作出新的作品。

剪裁

剪裁是指根据图纸上画好的最终模型的形状把布料剪出来。沿着布料的经纬线剪裁。剪裁建议：您最好保持身体挺直，剪刀头朝下，抵着桌面。为防止布料移动，可以夹上别针。

切口

切口是图纸上的方位标，我们可以用剪刀头在布料上画小标记。这样所有的切口都能在布料和里衬上显示出来。可以方便我们把不同的部分组合在一起。

除去边角料

把多余的布料剪去以控制厚度。

加衬布

我们使用热胶合布加衬布时把它剪裁加在包的内部，这是一个支撑物使包有型并更结实。用热胶合布加衬布时的建议：您可以先用熨斗在一小块热胶合布上先试30秒，如果需要的话，可以用一些蒸汽使之粘牢。有时候热胶合布会脱胶，如果布边已经缝进包里了就不要紧。

翻领

这是一个翻边用来在包的最上边构成一个布环。它可以被镶嵌其他的（分开剪裁）或者保持原状（布料的褶皱）。这个技巧可以把里衬隐藏。

纹理针脚

这是支撑针脚。经常用在隐藏部位，尤其是内衬。里衬的剪裁十分重要，要在边缘1毫米的部位扎针。

停桥

为了在机器上停下针脚，缝一个来回2或3个针脚。在缝纫的时候可以反面朝外缝线，这样就不会看到突出的线头。

平滑的针脚

这是手缝的看不见的针脚（把布料的边对边放置）。

加工图纸

在白纸上轻微地加工透明的图纸（保留好原稿），简单地改变包的尺寸。增加或者删减长度或者宽度或者高度。划上对应的切口。这是一些几何图形，您应该能把这些裁片合成（确认好长度）。

款式一：小布袋
初学者水平

简 单 小 布 袋

这款由两种布料做成的简单口袋包可以放进各种包包里面，也可以加上金属链条使之成为一只独立的包包。您也可以用不同的布料做出一些变化款式，在这款包包中，我们使用同一种布料来做外表和内衬。

图纸材料

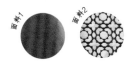

▶ 材料 1，前面和背面裁片 2 片（面料 1）。

▶ 材料 2，折叠口袋前面和背面裁片 2 片（面料 2）。

▶ 材料 1，衬里前面和背面裁片 2 片（面料 2 反面）。

▶ 材料 3，流苏裁片 2 片（面料 1）。

物料供应

▶ 50 厘米深红色人造革，成分：55% 聚氨，45% 粘胶纤维（面料 1）。

▶ 50 厘米粉色和白色提花布（面料 2）。

▶ 1 个镀镍（银色）链环的拉链，25 厘米栗色或深红色链边。

▶ 3 个镀镍细环，直径 1 厘米。

▶ 1 个镀镍的或者玫红色的拉链头。

▶ 1 条 125 厘米的镀镍的小链条。

▶ 2 个镀镍的用在小链条上的锁钩。

▶ 深红色的线，与外面的颜色相协调。

⋯⋯ 历史小贴士

女用手提包（19 世纪）或小网线袋，是时尚包的祖先。2000 年前的古罗马时期，女士们就开始佩戴类似的手提包。它取代了口袋慢慢演变成我们现代的手提包。随着贴身的、较轻的服装演变，衣服上不再能找到口袋的位置。

钱包的荣耀时代是在 20 世纪，当时女性正在寻找一个更方便的容器。装有内袋的袖子一度适合这个角色。但是，1918 年埃米尔·爱马仕（Hermès）发明的拉链，使得手袋势不可挡地进入了现代时代。

款式一：小布袋
（续篇）

制作

▶ 在相应的面料和材料上剪下参考图纸上的部件。

安装拉链

放置一个拉链

▶ 在裁片（面料 1）前面放置一个拉链，正面相对。

▶ 把里衬放在前面且正面相对，使得拉链像三明治一样被放置在中间，用别针别住（图 1）。

▶ 用特别的拉链压脚在缝纫机上缝制（图 2）。

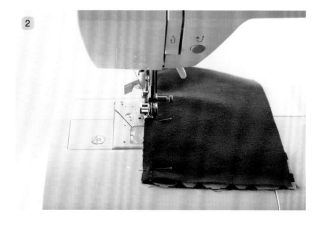

▶ 在裁片（面料 1 和面料 2）背面重复前面的 2 个步骤。

▶ 从正面看，这就是您得到的效果（图 3）。

▶ 反面朝外不用蒸汽熨烫。

准备带环的狭带扣

▶ 狭带扣的边缘全部折叠 1 厘米。

▶ 把狭带扣在长边方向折叠合拢（如同斜裁的布条那样），然后再在火上熨烫。

▶ 在长边的边缘 1 毫米处扎明针。

▶ 使每个狭带扣穿过一个环，然后折叠成 2 段。

缝制小布袋主体部分

▶ 沿着参考图纸上显示的折页线折叠 2 片口袋裁片，在裁片的正面和背面上将它们分开叠放。沿着这些部件周边 0.5 厘米的位置缝线加以支撑。

▶ 在两边安装并缝合两条带环的狭带扣（根据参考图纸的指示）。

▶ 全部沿着小布袋四周对前面和背面进行缝合。

注意：缝纫时不要过分靠近拉链，以便更好地翻转。

缝制里衬

▶ 把里衬正面和背面的布料放在一起，正面相对，在缝制的底部留一个大约 10 厘米的开口。

▶ 翻转到正面。

▶ 在手中把包的底部封闭，用平滑的针脚或者在机器上用明针缝制。

安装链条和绒球

▶ 用两把老虎钳，钳住链条，往相反的方向拧，把链条打开（图 4）。

▶ 放入扣环，再用相同的方法把链条合上。

▶ 用同样的方式把最后一个环拧开，把它穿在拉链的拉片上，同时把绒球嵌入。

折拢的小布包

这种布袋拿在手里或者夹在手臂下。有反差的折叠部分采用与包正面或背面花案一致的裁片。我们选用色彩鲜艳明亮的裁片，能带来时尚的活力。

图纸材料

▸ 包前面的裁片（材料 1）：剪切 1 片（面料 1）。

▸ 背面的裁片（材料 2）：剪切 1 片（面料 1）。

▸ 添加的背面裁片（材料 3）：剪切 1 片（面料 2）。

▸ 镶饰用口袋（材料 4）：剪切 1 片（面料 1）。

▸ 里衬，前面的裁片（材料 1）：剪切 2 片（里衬）。

物料供应

▸ 50 厘米的印刷明亮颜色的花式布料，材质构成 43% 涤棉，33% 腈纶，24% 金属（面料 1）。

▸ 50 厘米的黄色的丝布（面料 2）。

▸ 50 厘米的里衬，用黄色的府绸面料，材质构成 100% 棉。

▸ 50 厘米的热翅片。

▸ 一个 30 厘米的包金链锁的拉链，胚布饰边。

▸ 黄色的线。

款式二：小布袋
(续篇)

制作

▶ 用热翅片把小布袋的 1 号和 2 号布片（正面和背面的面料 1）热封住。翻折的部分不热封。因为这面料是短厚的（参见用过的面料）。

制作一个简单的口袋

准备制作口袋

▶ 给材料 4 布上层的边缲边：全部折叠了 1 厘米，熨平。
▶ 把另外 3 个边折叠 1 厘米，借助熨斗熨平（图 1）。

▶ 给口袋的角切口（图 2）。

▶ 根据参考图纸上的记号把口袋放在里衬背部中间的位置，并别住。用缝纫机沿着口袋三个边 1 毫米的位置缝合，沿着第一次缝合的边的 5 毫米处再次缝合（图 3）。

整合小布袋的主体部分

▶ 把材料 3 布片和材料 2 布片的背面对齐，翻折部分缝合。沿着缝线向高的地方横放熨平，然后沿着翻折边的 1 毫米处扎明针。
▶ 把拉链放在裁片的背面用缝纫机缝合，然后和裁片的正面缝合。见第 12 页分步缝制（参见分步制作安装拉链）。

P.12

▶ 把拉链向高处横放（拉链向上铺开）。把拉链拉开一点。
▶ 把小布袋的正面和背面的裁片放在一起，正面相对。

整合内衬

▶ 把内衬的正面和背面的布料放在一起，正面相对，缝制到最后的时候，留下一个大约 10 厘米的开口。
▶ 把里衬和小布袋缝制在一起。从正面翻转。
▶ 在手中把包的底部封闭，用平滑的针脚或者在机器上用明针缝制。

款式三：手提包
入门级

购物包

当我们在购物的时候，连锁店分发的漂亮纸袋给我们带来了启发。

近年，带着一个漂亮的大牌购物袋行走甚至变得时尚，纸袋完全可以取代手包。正是这促使我们想要回到织物购物袋的基本形式。我们选择了一种技术织物 – 氯丁橡胶，它拥有结实的面料和现代的外观。另外，因为它是一种可逆的面料，所以我们也使用面料的背面作为衬里。

添加一个可移动的底部使袋子的底部结实些。对于手柄，用简单的水手绳索即可，但你可以使用任何一种绳子。你甚至可以用你家里的纸板购物袋上的一根绳子。

图纸材料

- ▸ 包的前面和背面的裁片（材料 1）：剪切 1 片（面料 1）。
- ▸ 里衬（材料 2），1 个布料裁片折叠（反面朝外）（面料 1）。
- ▸ 包的底部（材料 3）：裁剪 2 片（面料 1）。

物料供应

- ▸ 1 米氯丁橡胶的双面布料，成分 82% 涤棉，12% 粘胶纤维，6% 氨纶（面料 1）。
- ▸ 玫红色的线。
- ▸ 1 米热合胶布工具。
- ▸ 50 厘米半硬的热合胶布。
- ▸ 4 个大的镀镍的金属圈。
- ▸ 2 根 80 厘米长、直径约 1.5 厘米的绳子。

制作

▸ 将布料对照图纸裁片剪裁。注意：这张图纸裁片是剪裁成可折叠的布片。为了做到这一点，将织物在纬向上折叠成一半，并将图案的边缘（注明"折叠"）放置在折叠线上，切割。

准备可移动的袋子底部

▸ 将袋底图纸裁片（材料 3）放在半硬（塑料）热胶合布板上并划线。使用日本尺，沿着裁片四周剪切 1.25 厘米。

▸ 在中等厚度的热粘合布上切割图纸裁片材料 3。

▸ 在熨衣板上，将织物背面的半硬塑料放在图纸裁片的中间进行熨烫热粘合。接着在其上的中等厚度的热粘合布上热封，将其全部固定。

▸ 将袋子底部的织物正面对正面相互缝合，沿长度方向留下一个 15 厘米的开口。

▸ 把正面翻转，熨平坦，沿着缝纫的标记收进开口。

▸ 用平滑的针脚缝合开口。

准备外部织物

▸ 用中等热粘合布上切割材料 1，并在材料 1 的背面粘热粘合（图 1）。

▸ 用笔画出折线（参考图案）（图 2）。

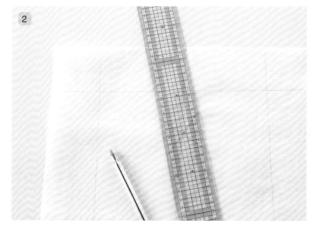

▸ 在热粘合布上轻轻地切割折叠线的每一行，而不切割到外部织物（图3）。

③

▸ 用机器在裁片背面距离每一条折线 0.5 厘米处用粗线缝合。因此，袋子的每一个褶皱都将被很好地标记，并且缝上了漂亮的明线（图4）。

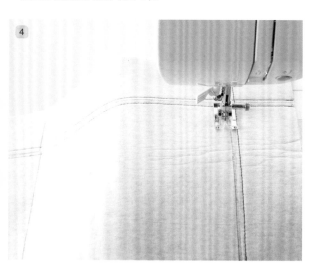

④

组装包

▸ 将裁片材料 1 沿折叠线折叠，沿着边线将正面和背面的裁片正面对正面地缝合在一起（粉色花边 = 正面），在距离边缘 1 厘米下针脚，以便剪裁成三角形。

▸ 将下面的边缘折叠，也就是在针脚地方将三角形的尖端折叠合缝。

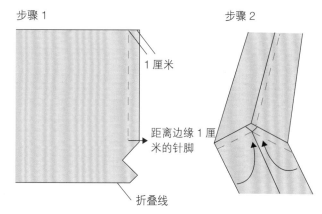

步骤 1　　　　　　　　　　　　步骤 2

1 厘米

距离边缘 1 厘米的针脚

折叠线

▸ 按照相同的方式组装内衬（使用可逆面料的反面）。在衬里的一侧留下 20 厘米的开口。通过在衬里上的针织物上放置销钉来将衬里组装到包上。

▸ 通过在正面衬里的布料正面上放置别针来将衬里组装到包上。缝制，并由左侧的开口翻转正面。最后用平滑的针脚或者在机器上将开口缝合。

▸ 将袋的上边缘沿折线折叠起来，并把所有的折叠部分熨烫标记好。

你的包差不多完成了。你可以把可拆换的包的底部放在里面。现在只剩安装金属圈了。

P.40

然后把绳索穿过两端（在绳索的每端打结）形成手柄。祝你购物愉快！

款式四：手提包
中级水平

透明包

用已使用的材料制作的透明包包是非常现代和新颖的。包的制作工艺取决于其材料的性能，透明包要尽可能地少剪裁。透明度是一个灵感点，可以在透明包里面添加一个衬里包，我们也可以塞进照片或图片。手柄通过按压镶嵌固定上去。内部是一个可拆卸的衬里包，由简单的织物组成，一根绳子收紧衬里包口。

如果您更换材料，请考虑使用涂层帆布或乙烯基材料，因为它们可以留下毛边（无需修整），如果不使用这种材料，请在袋子顶部预留额外的尺寸并继续双层嵌套（一种折边类型）。

图纸材料

- 前面和背面裁片（材料 1）：剪切 2 片（面料 1）。
- 外部轮廓带的裁片（材料 2）：剪切 1 片（面料 1）。
- 口袋正面和背面的裁片（材料 3）：剪切 2 片（面料 1）。
- 内衬的前面和背面（材料 1）：剪切 4 片（面料 2）。
- 内衬外部轮廓的裁片（材料 2）：剪切 2 片（面料 2）。
- 滑槽狭带（材料 4）：剪切 1 片（面料 2）。

物料供应

- 1 米透明塑料（中等重量）。
- 1 米印草坪图的印花布，材质 100% 棉质。
- 黑色折叠缎子材质的布条 120 厘米。
- 黑线。
- 黑色有光泽的提手 2 个。
- 8 个直径 1 厘米镀镍按扣。
- 150 厘米长的直径 0.5 厘米的绳。
- 配套绿线。
- 1 个 90 号针用于给比较厚材质的材料扎孔。

意想不到的奢华

1995 年，阿玛尼创造了一个透明的包包，真实地展示了包包的内部女主人会带哪些物品，让以前不见光的包包内部来揭示出女主人的个性和部分的隐私。

必须说的是，很多创作者都拒绝接受日常生活中的这些花哨的小饰品：比如，夏帕瑞丽品牌（Schiaparelli， Schiaparelli 曾经与 Chanel 并驾齐驱，之后衰落，如今重归高级定制）的手机包；尼娜·里奇（Nina Ricci）的 tour d'échec 包；莫斯奇诺（Moschino）的 Perfecto 包或 McDo 包。对于任何当代设计师来说，手包都是刺激创造力和想象力的源泉。

制作

▸ 在对应的素材上剪切图纸上的材料，数量取决于图纸。

安装口袋

▸ 在包的正面和背面的 2 个塑料裁片上，平展放好，借助图纸和细标尺轻轻地画上两条笔直的口袋缝纫线。

▸ 沿着这黑色的线剪出口袋。

安装按扣

▸ 借助尺子在正面和背面标记按扣的位置。

▸ 把按扣的阳面安装在包上。

▸ 在手柄上，使用冲头和锤子刺穿材料，然后安装按扣的阴面。

组装袋子的主体

▸ 组装袋子的轮廓（材料 1 和材料 2），在边缘 1 厘米的位置缝合。在转向缝制边角的时候要注意。（请参阅安装有角的边线）第 33 页分步制作。

▸ 将接缝尺寸减至 0.7 厘米，这样以后安装的狭带的接缝将很好地覆盖（图 1）。

▸ 准备好缎子材质的斜裁布条，折叠后熨烫好，并将其在熨斗下稍微拉伸一点（图 2）。

▸ 缝合边缘并测量边角形成的位置，然后别上别针来固定好边角。测量到另一个边角的距离，并以同样的方式制作第二个边角（图 3）。

▶ 测量好袋子的边缘，并缝合最上面边角的布条（图4）。

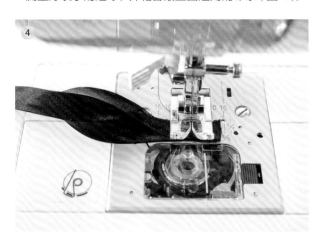

▶ 在缝纫机方位标上缝合这些边角。翻转布条到正面，把它熨烫好。

▶ 在包包周围的边缘1毫米的位置缝合布条，使其保持包边的状态，保持整齐匀称，不会移开（图5）。

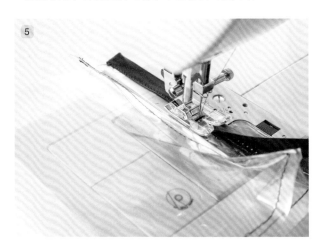

▶ 继续以相同的方式在另一个轮廓上将布条缝上。

组装可拆卸的衬里

▶ 组装内袋两次（因为它在同一个织物中双层）：
  → 2个轮廓和正面的裁片，布料的正面相对放置。
  → 2个轮廓和背面的裁片，布料的正面相对放置。
  → 注意，在其中一个的底部，留下约20厘米的开口。

▶ 将上边缘缝合在一起，成环状，正面对着正面，然后翻出正面。在手中或缝纫机上用平滑的针脚缝合。

▶ 缝制纹理针脚（见第9页）来加固内衬的边缘以便将衬里边缘很好地贴合包的内部。熨烫好。

▶ 安装狭带来加固作为孔眼的织物。根据相差4厘米的距离标记的孔眼安装。

▶ 使用可擦除的笔或粉笔在距离袋子顶部边缘3厘米处划一条线。将线放在随时可以滑动的位置，将别针别在其周围，以便将其固定在将来的滑道中。围绕袋子画的缝线缝纫：滑道就成形了。为了使线不会消失在滑道里，每一端都要打结。

制作手柄

大篮子包

我们喜欢这个大篮子包，因为它的超大容量，真正包罗万象。在夏天，带上它去海边散步简直完美，也可以带它去市中心购物。独创性的喇叭形状，非常适用于装大物件。一个拉链外袋创造了一个存放贵重物品的空间。三个按扣就合上了包也特别方便好用。

图纸裁片

▶ 前面／后面的裁片（材料1）：剪切2片（面料1）。

▶ 包侧边部的裁片（材料2）：剪切2片（面料1）。

▶ 口袋上部的裁片（材料3）：剪切1片（面料1）。

▶ 口袋下部的裁片（材料4）：剪切1片（面料1）。

▶ 包底部的裁片（材料5）：剪切1片（面料1）。

▶ 贴边中部的裁片（材料3）：剪切2片（面料1）。

▶ 侧边贴边裁片（材料7）：剪切2片（面料1）。

▶ 手柄的裁片（材料8）：剪切2片（面料1）。

▶ 狭带的裁片（材料9）：剪切4片（面料1）。

▶ 中部的裁片（材料4）：剪切2片（面料2）。

▶ 包侧面裁片（材料10）：剪切2片（面料2）。

▶ 包底部的裁片（材料6）：剪切1片（面料2）。

供应物料

▶ 1米双色文雅性的几何提花布（面料1）。

▶ 1米黑色印花家具布里衬（面料2）。

▶ 1米中等厚度的热粘合布。

▶ 50厘米制作底用的半硬塑料热粘合布。

▶ 黑线。

▶ 1条30厘米黑色边镀镍拉链。

▶ 4个宽2.5厘米椭圆形镀镍环。

▶ 3个直径1厘米的镀镍按扣。

应用条纹

条纹印花织物要特别注意图案的衔接。即使不能准确地连接图案，也可以通过在切割时放置碎片来实现整体的和谐。尝试重新构建口袋前部裁片和侧边部裁片之间的图案。

款式五：手提包
（续篇）

制作

▸ 在对应的面料上剪切图纸裁片。

▸ 把所有的包的外部和翻领材料剪切好（除了手柄和袋子的底部），将材料 1、2、3、4、7 放入中等厚度的热粘合布中，并在反面加热每一块布。

准备包底

▸ 将图纸裁片放在袋子的底部（材料 5），放在一个半硬性（塑料）热粘合布板上划线。借助尺，沿着裁片周围缩减 1.25 厘米的尺寸然后切割。

▸ 在中等厚度的热粘合布中切割材料 5。

▸ 在熨衣板上，把织物背面材料中部的半硬的塑料材质的热粘合板放在熨斗下热粘合。然后热粘合中等厚度的特粘合布，把整体固定。

在开缝处准备外口袋

▸ 在大袋的前面（正面相对）的下部裁片和上部裁片之间缝制拉链。

▸ 用同样的方法缝合衬里，如果可以的话，在衬里一侧做一个纹理针脚（见第 9 页）以固定好，并防止它被卡在滑块中。

▸ 为了制作口袋的底部，把材料 1 放在口袋之后，用别针固定（在材料 1 的正面和材料 3、4 的背面的位置），在四周 0.5 厘米左右的位置缝纫。

制作手柄

准备制作手柄

▸ 准备手柄（材料 8），把它们全部沿着长度正面相对折并在距离边 1 厘米的地方缝合（图 1）。

▸ 回到正面。为了更容易地翻转手柄，请带上一根大针，例如织针或木勺手柄（图 2）。

小窍门

要翻转手柄：使用橡胶手套或园艺手套，橡胶制品能更好地附着到织物上。

▸ 把手柄翻好后，将它们熨平。

▸ 全部沿着距边缘 0.5 厘米处扎明针（半压脚的宽度）（图 3）。

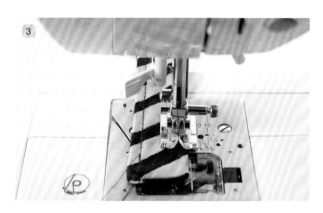

▸ 在这两条线之间再次以相同的距离重复 2 行（图 4）。

准备狭带和环

▸ 正面相对折叠狭带，缝制然后翻转。

▸ 使用木勺手柄熨平，打开并压平接缝。

▸ 同样在手柄上扎明针。

▸ 将每条狭带都穿过一个环（图 a 和图 b）。

▸ 借助拉链压脚缝加固明线。

▸ 缝合时小心拿住线（防止机器滑动，当厚度太大时）（图 c）。

▸ 将狭带放在前面和背面部分裁片的每一端，缝制侧边部分前 1 厘米的位置。

组装袋子的主体

▸ 把前面、背面的裁片和侧边部的裁片用别针别在一起（注意方向），裁片的正面相对，然后在机器上缝制。

▸ 在织物的反面，用剪子打开缝线，同时去掉边角。

▸ 别上别针，把包底的轮廓边的位置正面相对放在一起。用等高线将针脚装到袋子的底部。不动那些切口，在机器上缝制。

▸ 组装贴边裁片。用剪子打开缝线并去掉边角。

▸ 把包和贴边用别针别在一起，正面相对。对齐袋子和翻领的接缝。在机器上缝制。

▸ 把衬里和贴边放在一起正面相对，围成一圈。

▸ 通过左侧的开口翻转回来。用平滑的针脚用手或者在机器上缝合开口。你的包快要制作好了。你只需要加上手柄。

▸ 把手柄穿过环，并从边缘 5 厘米处折叠（图 d）。

▸ 缝方形缝线如下（可自行选择是否加叉线）（图 e）。

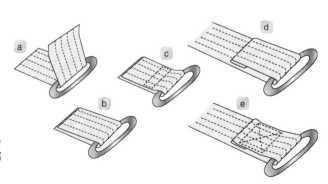

盒包

这个时尚提花布包简单实用非常适合出差时使用。宽宽的肩带减轻肩部压力，多个口袋有更多的收纳空间。

图纸裁片

- 包前面和背面的裁片（材料1）：剪切2片（面料1）。
- 包的轮廓裁片（材料2）：剪切2片（面料1）。
- 包翻折部分裁片（材料3）：剪切2片（面料1）。
- 肩带狭带的裁片（材料F）：剪切2片（面料1）。
- 背带的裁片（材料G）：剪切2片（面料1）。
- 拉链两端的折边（材料4）：剪切2片（面料1）。
- 带拉链的利落小包裁片（材料5）：剪切2片（面料1）。
- 拉链口袋的裁片（材料6）：剪切2片（面料1）。
- 里衬前面和背面的裁片（材料1）：剪切2片（面料2）。
- 里衬轮廓的裁片（材料2）：剪切2片（面料2）。
- 里衬翻折部分的裁片（材料3）：剪切2片（面料2）。

物料供应

- 50厘米的提花布（宽幅面280厘米），70%的棉，30%涤棉（面料1）。
- 50厘米小鸡黄的府绸（面料2）。
- 50厘米中等厚度的热粘合布和厚热粘合布。
- 1条黑色边镀镍拉链。
- 2个长方形宽为2.5厘米的镀镍环。
- 1个可调整的2.5厘米宽的带扣。
- 1个18厘米螺纹塑料拉链，与面料颜色协调（这里是橙色）。
- 黑线。

制作

▸ 根据图纸裁片在相应的布料上剪切。

▸ 热粘合以下材料

　→ 用中等厚度热粘合布粘合包前面的裁片和包背面的裁片。

　→ 用厚热粘合布粘合包的轮廓裁片。

　→ 可能需要围绕这些裁片加明针补牢，以保持热粘合布的牢固。

准备内袋

▸ 这里，拉链口袋是一种整合在衬里之间的口袋。拉链口袋是用与包（面料 1）相同的材料切割，以获得良好的两种织物对比效果。在包里面，将因此会有拉链口袋和后面形成的另一个隔间。

▸ 首先，请按照以下图放置拉链：按照以下图缝合拉链边的末端，用大针脚缝合两个边，准备布条，然后将其缝在距离拉链端头 1 毫米的位置（图 1）。

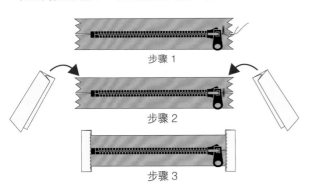

步骤 1

步骤 2

步骤 3

▸ 将拉链反面朝外地缝在口袋正面上，然后拿另一个口袋裁片，重复相同的操作（请参见安装拉链）第 12 页分步制作。

P.12

▸ 在将口袋插入里衬背面裁片和轮廓裁片间时，将里衬背面和正面的裁片以及轮廓的裁片放在一起。确保将内衬的两端和口袋顶部边缘对齐，以便能把包翻转。

安装翻折部分的拉链

▸ 在拉链的末端按照下图沿长边折叠的边缘，切角，折叠另一个角度，然后折叠成两半，放在拉链的末端，并在边缘 1 毫米处缝制。

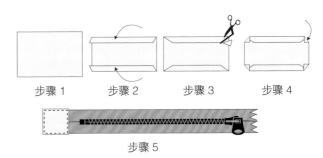

步骤 1　　步骤 2　　步骤 3　　步骤 4

步骤 5

▸ 将拉链放在翻折部分正面相对顶部的位置上。在把拉链固定在两个厚边之间时，把里衬正面相对放置。

▸ 缝合折叠部分每个端头，翻转折叠部分，然后拉出拉链（图 2）。

（请参阅安装折叠部分拉链）。

P.36

准备肩带和扣环的附带

▸ 对于肩带和附带，
  （请参阅制作手柄）。

▸ 通过插入环在每边的袋子轮廓上缝合附带。

安装包的主体

▸ 角的安装通常用于安装袋子。这个操作在本书中重复了好几次。
▸ 将布料边缘相对、正面相对放一起用别针固定，接着缝制两个裁片。当到达角（离边缘 1 厘米）位置时，开始切口，直到针尖的位置（图 3）。
▸ 旋转裁片（图 4）。

▸ 继续缝制下一个角（图 5）。

组装里衬

▸ 将里衬背面和前面的裁片缝到包的轮廓上，然后将衬里与袋子的主体组装在一起，在底部留下开口。
▸ 用手或机器缝合里衬的底部。

款式七：箱包
中级水平

带翻盖的盒包

超级实用，用肩带穿搭，带翻盖的箱包是一款日常包。可以根据季节选择不同面料。

图纸裁片

- 前面和背面的裁片（材料 1）：剪切 2 片（面料 1）。
- 翻盖部分（材料 2）：剪切 2 片（面料 2）。
- 包的轮廓带（材料 3）：剪切 1 片（面料 1）。
- 折叠部分（材料 4）：剪切 4 片（面料 1）。
- 肩带（材料 G）：剪切 1 片（面料 2）。
- 狭带（材料 F）：剪切 2 片（面料 1）。

- 里衬前面和背面的裁片（材料 1）：剪切 2 片（面料 3）。
- 里衬轮廓的裁片（材料 3）：剪切 1 片（面料 3）。
- 口袋窗口（材料 D）：剪切 1 片（面料 3）。
- 口袋底（材料 E）：剪切 1 片（面料 3）。

物料供应

- 1 米棉布单亚麻色，100% 棉（面料 1）。
- 50 厘米花纹提布，61% 棉，26% 涤棉，13% 亚麻（面料 2）。
- 50 厘米单色亚麻布（面料 3）。
- 50 厘米中等厚度热粘合布。
- 50 厘米薄热粘合布。
- 1 个活阀镍质开口系统。
- 1 个 30 厘米分开的镀镍拉链，灰色或浅褐色边。
- 2 个长方形镀镍环，宽度 2.5 厘米。
- 1 个 18 厘米长的口袋拉链，灰色或浅褐色边。
- 浅褐色或卡其色线。

款式七：箱包
（续篇）

制作

▶ 在相应的布料上剪切图纸裁片。

准备材料

▶ 用中等厚度的热粘合布分别热合前面和背面的裁片。
▶ 用薄的热粘合布热合翻盖。
▶ 用薄热粘合布热合里衬在前面，后面，口袋底和口袋窗口。

制作里衬里的窗口口袋

▶ 参见分步制作窗口拉链的口袋。

P.93

安装折叠部分拉链

在折叠部分安装拉链

▶ 将拉链反面对着折叠部分的正面放置（拉链的位置与织物的位置相对）。缝合整个长度（图1）。

▶ 在把拉链固定在两厚边之间时，把折叠部分的里衬正面相对放置（图2）。

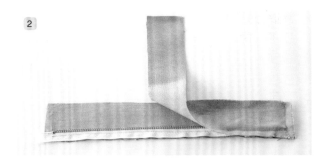

▶ 同样缝制拉链的另一边和最后2个折叠部分裁片。缝合折叠部分每个端头。翻转折叠部分，然后把拉链露出（图3）。

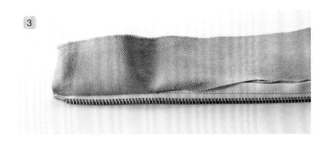

▶ 将折叠部分放在包入口处（图4）。

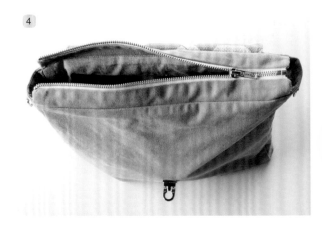

制作翻盖

▸ 装配翻盖的顶部和底部（缝合 3 侧，将要缝合在包上的部分留下开口）。

▸ 在距离翻盖 3 侧边缘 1 毫米的位置上缝制。

▸ 将扣环（阴侧）放在图纸指示位置上的翻盖（平坦部分）上。

装上肩带

（请参见逐步制作肩带和扣环）

▸ 全部沿着折叠 1 厘米。

▸ 将织物条折成两半，纵向折回背部相对，并用针标记折叠部分（如图斜裁布条）。

▸ 将带子绕过调节环的中心杆，将其折叠起来，并缝到顶端。

▸ 将带穿过环，然后在调节环中熨烫环带，穿入第 2 环，折叠 5 厘米，翻过来，然后缝制。

组装包的主体

▸ 组装包前面与后面和轮廓裁片
（请参阅逐步安装有角的边线）。

▸ 将下面的扣环放在图纸指示位置的翻盖上。

▸ 在背面的裁片上缝制翻盖，在缝入背面裁片和翻折部分时，与包的入口持平。

▸ 在组装里衬时在底部留一个开口。

▸ 翻折然后在手或缝纫机上用平滑的针脚缝合。

球状包

这款手提包的手柄是一根绳子，可以休闲地背在肩膀上。我们选择了一种民族风和一种玫红色的面料搭配在一起，是风格鲜明的球状包。

图纸裁片

- ▸ 底部前面和背面的裁片（材料 1）：剪切 2 片（面料 1）。
- ▸ 上部前面和背面的裁片（材料 2）：剪切 2 片（面料 2）。
- ▸ 包底裁片（材料 3）：剪切 1 片（面料 1）。
- ▸ 内部口袋（材料 4）：剪切 2 片（面料 1）。
- ▸ 口袋拉链裁片（材料 5）：剪切 2 片（面料 1）。
- ▸ 包内衬底裁片（材料 3）：剪切 1 片（面料 3）。
- ▸ 里衬前部和背部裁片（材料 1）：剪切 2 片（面料 3）。

物料供应

- ▸ 1 米民族风情提花布，81% 涤棉，19% 棉（面料 1）。
- ▸ 1 米玫红色布料（面料 2）。
- ▸ 1 米府绸棉质珊瑚橙色面料做里衬（面料 3）。
- ▸ 1 米中等厚度的热粘合布。
- ▸ 50 厘米薄热粘合布。
- ▸ 50 厘米厚热粘合布。
- ▸ 10 个大镍质环。
- ▸ 1 根直径 1 厘米的粗绳。
- ▸ 1 条相配的 20 厘米拉链。
- ▸ 2 只镀镍或黑色的直径为 1 厘米的按扣。
- ▸ 玫红色的线。

款式八：圆底包
(续篇)

制作

▸ 根据图纸裁片在相应的面料上剪切。
▸ 用薄热粘合布热合包下部的正面和背面的裁片。用厚热粘合布热合圆底和上部的部分。

装上内部小口袋

▸ 按照"箱子"包的安装说明，安装适宜的拉链（材料 5），第 32 页。
▸ 在拉链边的末端用大针脚缝合以使两个边靠近，准备好布条，然后将布条缝制在缝合的端头 1 毫米的位置。
▸ 安装拉链（请参阅分步制作安装拉链）。

▸ 标记卡扣的位置，并将 2 个卡扣放在小口袋的后面裁片上。
▸ 标记卡扣的位置，并将 2 个卡扣放在包的里衬上。
▸ 组装小口袋正面和背面的裁片，裁片的正面相对。
▸ 将里衬的正面和背面裁片组装在一起，裁片的正面相对，在底部留下开口。
▸ 将里衬翻转过来，并缝合开口。

准备上面的部分

▸ 组装包的上半部分（玫红色面料）。
▸ 折叠上半部分形成的圆柱体，折成两部分，并用针标记该折叠部分。然后放上小孔。

安装金属圈

▸ 用可擦除笔标记金属环的位置。点明小孔的中心。（取出金属环，放在这一点上，在小孔内划一条线）（图 1）。
▸ 用剪刀头剪掉画出圆（图 2、图 3）。

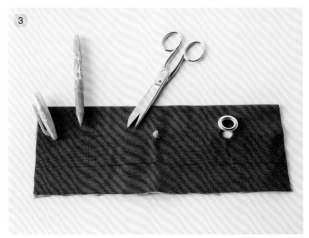

- 将金属圈的上部放在孔中，然后将底部放在下面（图 4）。
- 拿起配套组件，然后用锤子合上金属环的上下部（图 5）。

组装袋子的主体

- 把边缘的接缝放在一起，然后用针打开接缝。
- 将上部（面料 2）与下部前面的裁片（材料 1）组装在一起，吻合缝线。
- 注意：只有上部的一个厚边缝合，因为另一个边缘将与衬里缝合！
- 将袋子的圆底组装，然后沿着裁片四周切口。
- 将里衬前面和后面的裁片装好，裁片正面相对，在一侧留下一个开口，将袋子翻过来，然后用针打开缝线。
- 把衬里和包顶部缝合，翻过来，然后关闭袋子的侧面。

水桶包

提在手上或背在肩上的水桶包。有趣的点在于展现了两种布料之间和色彩之间的对比。金色和黑色搭配非常适合职业女性使用。

图纸裁片

- 包前面和背面的裁片（材料 1）：剪切 2 片（面料 1）。
- 包底部前面和背面的裁片（材料 2）：剪切 2 片（面料 2）。
- 包底裁片（材料 3）：剪切 1 片（面料 2）。
- 里衬，前面和背面裁片（材料 4）：剪切 2 片（面料 3）。
- 里衬，包底裁片（材料 3）：剪切 1 片（面料 3）。
- 口袋拉链上部裁片（材料 A）：剪切 2 片（面料 3）。
- 口袋拉链下部裁片（材料 B）：剪切 2 片（面料 3）。
- 口袋下部（材料 C）：剪切 1 片（面料 3）。
- 手柄上部（材料 5）：剪切 1 片（面料 1）。
- 手柄下部（材料 6）：剪切 1 片（面料 2）。

物料供应

- 1 米黑色天鹅绒布料，54% 腈纶，28% 棉，12% 涤棉，6% 粘胶纤维（面料 1）。
- 50 厘米人造革金色鳄皮纹（面料 2）。
- 1 米印花复古里衬，100% 棉（面料 3）。
- 50 厘米中等厚度的热粘合布。
- 1 根 13-15 厘米镀金色拉链，白色边。
- 4 只大镀金色金属环。
- 2 只金色磁铁按扣。
- 2 个金色长 2.5 厘米弹簧钩。
- 50 厘米硬质特粘合布。
- 黑线。

⋯⋯ 首饰盒里的布勒风格

水桶包最初是由路易·威登为了方便携带香槟而发明的。多使用在家具上的布勒风格或布勒技术，是指多种材质的镶嵌技术。

款式九：圆底包
（续篇）

制作

▸ 根据图纸裁片在相应的布料上剪切。

准备包的主体部分

▸ 用中等厚度的热粘合布热合材料 1 和材料 3。
▸ 把材料 1 和材料 2 的边组合在一起。
▸ 把包内上部和下部的裁片组合在一起。
▸ 人造革的底压在包主体上。为此，标记好包底部分的位置，然后裁片正面相对缝制。
▸ 把缝线向低处侧倾，在距离金边 0.5 厘米的位置缝制，以平整接缝值。
▸ 保留切口把包底组装。沿着包底给接缝切口，以确保接缝平稳旋转。
▸ 把翻领再折叠，用针把折痕标记。
▸ 标记磁铁按扣的位置，并安装。
（参见分步制作安装磁铁按扣）

 P.78

制作口袋

▸ 用大针脚缝合拉链端头的边，使边缘更紧密。
▸ 在材料 A 正面相对安装拉链。
▸ 把拉链另一部分正面相对安装在材料 B 上（步骤 1）。
▸ 如果您有余力缝制，您可以将口袋入口缝制加倍，以便将拉链安装得适宜得体。
▸ 将口袋底部材料 C 与 A 和 B 部分正面相对放置（步骤 2）。沿着四周缝合，上面的部分留下开口（步骤 3）。切角，翻转和熨烫（步骤 4）。
▸ 把里衬裁片的口袋上部边缘组装。

准备里衬

▸ 把里衬前面和背面的裁片组装，在其中一边留下一个大约 20 厘米的开口。
▸ 组合里衬的圆底并切口。
▸ 将包的顶部部分与里衬的顶部部分组装在一起。
▸ 沿着刚刚一侧留下的开口处翻转。在手或机器上用平滑的针脚缝合。

标记金属环的位置并安装它们。
（参见分步制作安装金属圈）

 P.40

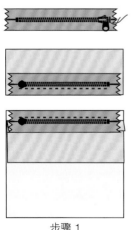

步骤 1

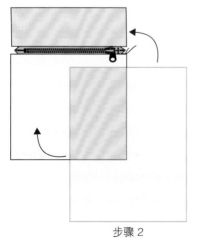

步骤 2

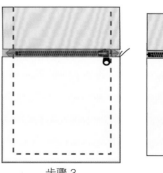

步骤 3

步骤 4

准备手柄

▸ 在材料 5 上，沿着距离边缘 1 厘米大小的位置折叠。

▸ 放置材料 6，边对齐。

▸ 把材料 5 放在弹簧钩里，将其在人造革下 4 厘米的位置折拢。

▸ 沿着边缘 1 毫米的位置缝制。

▸ 快到弹簧钩的时候，缝制，当距离金属环约 1 厘米处时，翻转。

▸ 由于针脚不允许完全接近弹簧钩的环，所以要在其后的地方先行针。

把弹簧钩穿在包的金属环里，两两穿在一起。
手柄环就做好了。

香蕉包

著名的香蕉包是随处可见的休闲包，特别是旅行……我们想为香蕉包腾出空间，它的形状和造型是原创的，也是一种混合型手包。

图纸裁片

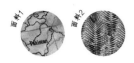

- 包前面和背面的裁片（材料 1）：剪切 2 片（面料 1）。
- 前面的口袋（材料 2）：剪切 2 片（面料 1）。
- 口袋贴袋（材料 3）：剪切 2 片（面料 1）。
- 肩带（材料 4）：剪切 2 片（面料 1）。
- 肩带狭带（材料 5）：剪切 2 片（面料 1）。
- 装饰流苏（材料 6）：剪切 1 片（面料 1）。
- 里衬，前面和背面的裁片（材料 1）：剪切 2 片（面料 2）。

物料供应

- 1 米世界地图的印花面料，100% 棉（面料 1）。
- 50 厘米棕榈叶纹样棉布，100% 棉（面料 1）。
- 50 厘米绒布热粘合。
- 2 根 25 厘米相配的拉链。
- 1 只带针的铜扣环，宽 2.5 厘米。
- 6 只小黄铜孔圈。
- 1 只需缝纫的按扣。
- 一些小的需缝纫的透明或者黄铜的按扣。
- 浅褐色的线。

假日气质

香蕉包是上个世纪 90 年代旅游业的象征，现在被认为是过时的，近来流行的腰包让香蕉包重新站在了潮流的前沿。

准备口袋

▶ 在两个口袋裁片上缝制小夹钳（材料 2 ）。
▶ 缝制正面相对的两个裁片，并置夹钳的接缝，并在两个夹子之间留下一个开口。剪除边角料（图 1 ）。

▶ 翻转到正面，在熨斗下熨平。
▶ 在扁平顶部的 0.1 厘米和 0.6 厘米位置缝制，请参阅右上的图。
▶ 将口袋贴袋的裁片正面相对放置缝制，在平顶上留下开口。去除边角料（图 2 ）。

▶ 翻转到正面，在熨斗下熨平。
▶ 在 0.1 厘米和 0.6 厘米的圆角边缘加明针，见右上图。
▶ 用别针把口袋和包的主体别在一起，根据标记沿着口袋四周边缘 0.1 厘米的位置缝制。旋转工件并缝制距离第一排 0.6 厘米的另一行。

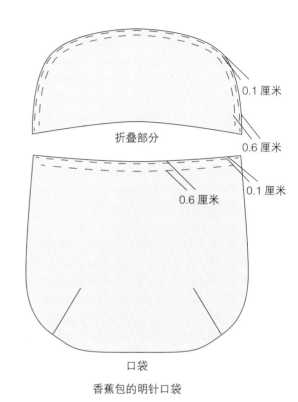

折叠部分

0.1 厘米

0.6 厘米

0.6 厘米

0.1 厘米

口袋

香蕉包的明针口袋

▶ 用别针把折叠部分和包的主体别在一起，根据标记沿着口袋四周边缘 0.1 厘米的位置缝制。
▶ 旋转工件并缝制距离第一排 0.6 厘米的另一行（图 3 ）。
▶ 缝制关闭口袋用的按扣。

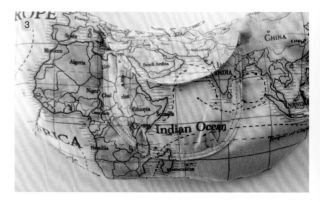

准备带子

▸ 在材料 4 的每个裁片的长边折叠 1 厘米，然后熨平。

▸ 按照下图准备带子的尖角。

▸ 叠放 2 条带子，并从边缘 0.1 厘米位置缝制。

准备配有带针带扣的狭带

▸ 沿着材料 5 的裁片的长边叠 1 厘米。

▸ 叠放 2 条带子，并从边缘 0.1 厘米处缝制。

▸ 对折成两半然后穿过带扣。

▸ 标记带扣的针的位置，并用剪刀尖剪一个 0.5 厘米的槽。

▸ 用带扣针穿过，并用熨斗按压。

准备装饰流苏

▸ 沿着材料 6 裁片的长边折叠 1 厘米，然后熨平。

▸ 边对齐折叠，在边缘 0.1 厘米处缝制。

▸ 你想要多少流苏就剪裁多少，在最后打一个小结。

▸ 通过将它们边对齐放在包装袋的一侧来准备缝制（图 4）。

准备袋子的主体

▸ 缝制小夹钳。

▸ 将两个拉链正面相对安装在包两侧上，使拉链与包的中间标记相匹配。

▸ 安装里衬和用纹理针脚（见第 9 页），使其好好地保持贴合在袋内的状态。

▸ 将狭带和带针的带扣放在一侧，并且对准中心的位置，每边留出 1 厘米（请参阅图纸）。在狭带下方将包的裁片正面相对放置缝制。

▸ 在另一侧以同样的方式缝制肩带。

▸ 把装饰流苏安装在狭带相同的一侧在包下部的位置。

▸ 缝制包的底部。

▸ 以相同的方式缝合里衬，在底部留下 20 厘米的开口。翻转到正面并用手或在机器上用平滑的针脚缝合开口。

小型运动包

在一款运动包的基础上，我们让这款包包非常易于缝制。使用的面料让包更有立体感。它的托带是光亮的合成带，名叫罗缎丝带。包使用的材料，增强了运动时候的时尚感。此款包也可以在更休闲的场合使用。

图纸裁片

- 前面和背面的裁片（材料1）：剪切2片（面料1）。
- 侧面的裁片（材料2）：剪切2片（面料1）。
- 侧面口袋裁片（材料3）：剪切2片（面料1折叠）。
- 里衬，前面和背面的裁片（材料1）：剪切2片（面料2）。
- 里衬，侧面的裁片（材料2）：剪切2片（面料2）。

物料供应

- 1米蓝色几何图案印花布，100% 涤棉（面料1）。
- 1米蓝色家具布里衬（面料2）。
- 50 厘米绒布材质热粘合布。
- 两条宽度4厘米，长度110厘米的黑色涤棉宽带。
- 海蓝或者黑色的线。

制作

▸ 切出相应材料中的裁片。注意将材料 3（包侧边）在折叠处切开，也就是说，必须将织物折成两半，并将裁片和织物的折线对齐。

▸ 用热粘合绒布将外层织物材料 1 和材料 2 热融合，这样可以加固运动包并具有膨胀的外观。

准备侧面的外侧口袋

▸ 用粉笔或可擦除笔标记外侧圆边裁片上按扣的位置。

▸ 安装按扣的阳面。

▸ 沿图纸上指示的折叠线折叠材料 3。

▸ 用粉笔或可擦除笔标记外侧圆边裁片上按扣的位置。

▸ 安装按扣的阴面。

▸ 把材料 2 的裁片正面叠放在材料 3 的反面上，并从围绕四周沿边缘约 0.7 厘米位置缝制。

准备袋子的主体

▸ 在外层织物上安装拉链。

▸ 注意：在拉链开头和末尾的位置留出 2 厘米的边距，以便随后可以轻松缝制侧面板。

▸ 将里衬和外面的织物裁片的正面相对缝制。

安装托带

▸ 用粉笔画出托带的位置（图 1）。

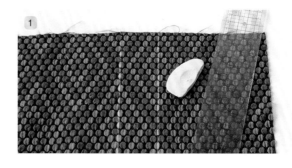

▸ 缝合每面的托带（图 2）。

▸ 如果你愿意，你可以根据第 53 页上圆圈图片的方法将带子靠近包的边缘位置缝制正方形（图 3）。

▶ 缝制包的底部，确保将托带在包的底部位置对齐（图 4）。

4

▶ 在包前裁片的正面上圆形缝合侧面裁片的正面。
▶ 组装里衬的裁片：把里衬前面和后面的裁片（袋子底部留有 20 厘米开口）与侧边裁片互相缝合。
▶ 翻转到正面，并用手或在缝纫机上用平滑的针脚缝合。

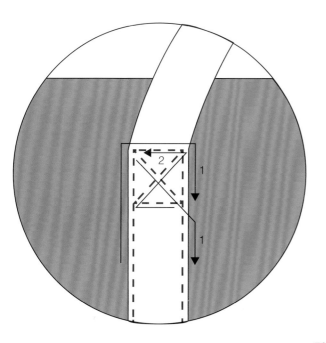

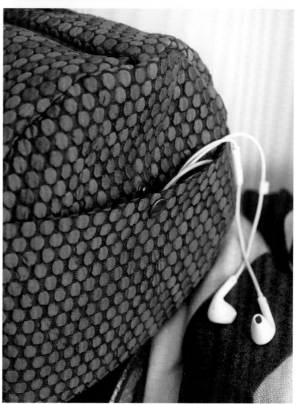

款式十二：圆柱形袋子
获得认可的水平

旅行包

旅行包，有着出色外表和大容量的特色。旅行包的魅力在于它复古的一面。

从技术上讲，它需要更精细的工艺细节要求，才能赋予旅行包一个简洁的外观。加工数量最多部分的是袋子的底部、手柄、手柄的狭带，用在侧面和镶边的托带上。

图纸裁片

- 前面和后面的裁片（材料 1）：剪切 2 片（面料 1）。
- 侧边的裁片（材料 2）：剪切 2 片（面料 1）。
- 包底（材料 3）：剪切 2 片（面料 2）。
- 镶边侧面（材料 4）：剪切 2 片（面料 2）。
- 托带镶边（材料 5）：剪切 2 片（面料 2）。
- 拉链端头的狭带（材料 6）：剪切 2 片（面料 1）。
- 手柄的狭带（材料 7）：剪切 8 片（面料 2）。
- 手柄（材料 8）：剪切 2 片（面料 2）。
- 里衬，前面和后面的裁片（材料 1）：剪切 2 片（里衬）。
- 里衬，侧边的裁片（材料 2）：剪切 2 片（里衬）。
- 里衬，包底（材料 3）：剪切 1 片（里衬）。
- 拉链上部口袋布（材料 A）：剪切 2 片（里衬）。
- 拉链下部口袋布（材料 B）：剪切 2 片（里衬）。
- 底面口袋布（材料 C）：剪切 1 片（里衬）。

物料供应

- 1 米红色丝布（面料 1）。
- 1 米红色人造革（面料 2）。
- 1 米红色印花家具布里衬（里衬）。
- 1 条 35 厘米的红色边金色拉链。
- 6 只金色方圆形环。
- 2 只金色弹簧钩。
- 4 只金色的包的蹄状物（安装时作为黄铜紧固件）。
- 1 米中等厚度的热粘合布。
- 50 厘米半硬的热粘合布。
- 1 根红色螺纹拉链。
- 直径 1 厘米的绳子 1 米。
- 红色线。
- 1 根 90 号机器针（厚布）。
- 面料胶水。
- 线夹。

> **历史小贴士**
>
> 1860 年左右，第一个皮质手包出现了。受到行李箱的启发，人们需要有一个坚固的大容量的旅行手提包。与以前的款式不同，旅行手提包不光实用贴心而且还唤起了女性的独立性，有了旅行手提包，女性不再需要男性携带自己的物品，女性是自己的物品和钱财的监护人。

款式十二：圆柱形袋子
(续篇)

制作

▶ 在相应的布料上剪切材料。
▶ 用中等厚度的热粘合布对外层织物材料进行热融合。

安装两侧的托带

▶ 根据图纸用粉笔或可擦写笔标出侧面裁片上托带的位置。
▶ 沿着托带的侧边折叠 1 厘米并粘合，以便织物固定位置。
▶ 将环安装在托带末端，环下折叠 5 厘米。
▶ 在环下方托带上缝一个大十字（参见第 53 页）。
▶ 在包的每一侧上都安装托带，使托带带有环的一侧可以提升 2 厘米（图 1）。

▶ 剪出 1 厘米的缝合宽度（图 2）。

▶ 借助拉链针脚围着侧边裁片安装镶边（部分材料 2）。
▶ 要转弯的时候，缝到角落，将针固定住镶边，切开角并旋转材料，将工作台从另一侧重新开始（图 4）。

安装镶边

▶ 在整个幅面上切一条宽 3 厘米的人造革条。
▶ 准备镶边：通过折叠织物条并将镶边芯放入织物折叠部分（图 2）。

▶ 在快到托带的前后嵌进镶边的末端，以避免产生额外的厚度（图 5）。

制作手柄

安装手柄的折边

- ▶ 把材料 7 两片一起缝制（步骤 1 和步骤 2）。
- ▶ 按照步骤 3 所示剪切然后翻转。
- ▶ 根据步骤 4 所示准备明针缝制。
- ▶ 用可擦除笔在 6 厘米和 6.5 厘米处画线。
- ▶ 沿着环折叠。
- ▶ 用粉笔或可擦除笔标记包主体上的手柄折边的位置。
- ▶ 在包上安装带环的手柄的折边，并先后在 1 毫米和 6 毫米处边缘处缝合，然后在刚刚 6 厘米和 6.5 厘米处绘制线条处缝制（图 6）。

准备手柄

- ▶ 沿长绘制 1 厘米的接缝条。
- ▶ 放置薄薄的双面胶带或将网布粘在面料上，折叠并保持住（图 7）。

7

6

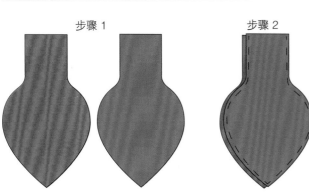

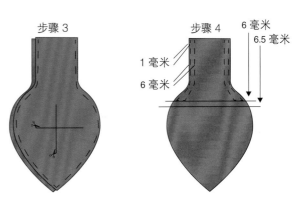

步骤 1　　步骤 2　　步骤 3　　步骤 4

6 毫米
6.5 毫米
1 毫米
6 毫米

- 用和缝制手柄折边同样的方式明针缝制。
- 围绕环 5 厘米处折叠边（图 8）。

- 在中间的位置放置一根粗绳，然后粘好（图 9）。

- 对着边对齐，用胶水粘好，夹上线夹，保持住晾干（图 10）。

- 用拉链压脚从边缘缝制 1.5 毫米（图 11）。

准备包底

准备外袋底部

- 在一块塑料热粘合布（半硬）上剪切一块包底裁片，并沿四周剪切 1.25 厘米。
- 在中等厚度的热粘合布上切割同样的一块裁片。
- 贴在面料的反面。首先是半硬的热粘合布居中放置，然后是中等厚度的热粘合布边对齐。
- 在裁片上缝上一个对角十字横过面料，以加固这些材料（图 12）。

- 用笔画出针脚的位置。
- 用冲头和锤子打孔（图 13）。

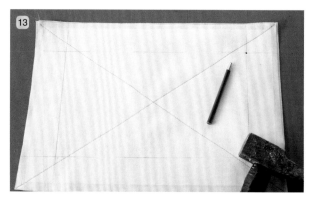

▸ 沿纵向折叠 1 厘米，粘贴缝合处（双面胶带或布料胶水）
固定并按住（图 14）。

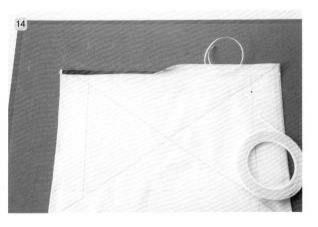

▸ 在标记的位置上安装包的基部。

组装包的主体

▸ 将拉链安装在外层织物上，并将衬里安装在拉链下。
▸ 在拉链的每一端，放置一个滑片，折叠四针并缝合。
▸ 将内袋的底部缝到前后裁片上。
▸ 将包外部底贴合前后裁片（图 15）。

▸ 缝合侧面裁片，注意沿着基准线。
▸ 缝里衬的底部，留下约 30 厘米的开口。
▸ 缝里衬的侧面裁片。
▸ 翻转，然后在手中或机器上用平滑的针脚缝合。

添加肩带

▸ 沿着织物片折叠 1 厘米并粘合。
▸ 在边缘的 1 毫米进行缝制，尽可能靠近环。
▸ 把肩带穿过这环，并从边缘 5 厘米处折叠。
▸ 用方形缝线缝合完成（见第 53 页）。

您还可以添加一个内袋。例如，您可以按照第 44 页水桶
包中的说明进行操作。

款式十三：保龄球包
中级水平

保龄球包

打保龄球是一种现代化的休闲运动。保龄球包具有它的独特个性。保龄球形状的包包，有肩带而小巧，放在肩膀上也能保持轻盈。其制作的难点在于所使用的材料硬，还要在机器的针脚下做出厚度。我们感兴趣的地方是不需要使用热粘合布，保龄球包包也能结实耐用。

图纸裁片

- 前面和背面的裁片（材料 1）：剪切 2 片（面料 1）。
- 轮廓带（材料 2）：剪切 1 片（面料 2）。
- 上部裁片（材料 3）：剪切 2 片（面料 2）。
- 环的狭带（材料 4）：剪切 2 片（面料 2）。
- 上面的肩带（材料 5）：剪切 1 片（面料 2）。
- 下面的肩带（材料 6）：剪切 1 片（面料 2）。
- 里衬前面和背面的裁片（材料 1）：剪切 2 片（里衬）。
- 里衬轮廓带（材料 2）：剪切 1 片（里衬）。
- 里衬上部裁片（材料 3）：剪切 2 片（里衬）。
- 窗口口袋（材料 D）：剪切 1 片（里衬）。
- 口袋底（材料 E）：剪切 1 片（里衬）。

物料供应

- ▸ 50 厘米几何压花图案的人造革（面料 1）。
- ▸ 50 厘米紫红单色人造革，76%PVC，22% 涤棉，2% 聚氨酯漆（面料 2）。
- ▸ 1 米黑白棋盘格图案布料（里衬）。
- ▸ 1 根 30 厘米镍质拉链（紫红边）。
- ▸ 2 只宽 2 厘米的镍环。
- ▸ 2 只镍质宽 2.5 厘米的弹簧钩。
- ▸ 1 根 13 厘米的黑色螺纹塑料材质拉链。
- ▸ 紫红色线。
- ▸ 厚材料缝制用 90 号机器针。

制作

► 切出相应布料中的裁片。

制作皮质肩带

准备肩带和环的狭带

► 沿材料5的边缘折叠1厘米，并从边缘0.5厘米位置缝制（图1和图2）。

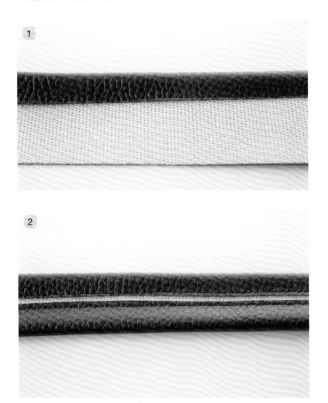

► 反面相对叠放材料6，贴合。

► 在边缘1毫米的位置明针缝制（图3）。

► 以相同的方式缝制狭带。将每个狭带穿过环。然后在尽可能靠近环的位置缝合。把每条狭带安装在材料2预留的位置上（图4）。

▸ 将大肩带的两侧穿过弹簧扣，并在5厘米处折叠。尽可能在靠近登山扣的位置缝制，并完成缝纫（图5）。

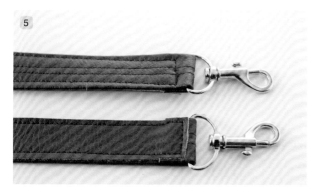

准备包的内袋

▸ 安装窗口的拉链。

（请参见分步制作窗口拉链口袋）。

P.93

准备制作包的主体

▸ 在包的顶部安装拉链。

请参阅分步制作安装拉链。

P.12

▸ 安装里衬并用纹理针脚缝制（见第9页）。

▸ 组装袋子的底部：您可以看到成品袋子的轮廓。

▸ 完成里衬的组装，装配轮廓带、正面和背面裁片，在包的底部留下约20厘米的开口。

▸ 现在将包的轮廓带组装在包的正面和背面裁片周围，留着切口（以便旋转翻折）。

▸ 参见分步制作安装有角的边线。

P.33

▸ 转动时注意，针头是卡住的，切口必须谨慎。

▸ 翻转包到正面，并在手中或机器上用平滑的针脚缝合开口。

▸ 用小弹簧钩子安装肩带。你也可以通过折叠人造革的薄皮带来制作一个拉链手柄，这将给皮包带来皮革外观（图6）。

小挎包

这款造型采用仿皮革制成，内层柔软，无需衬里（极大地方便了制作任务）。收尾工作也因此非常简单。这款肩带的制作很有趣：它是一个整体，像皮带一样围绕着包包。

图纸裁片

▸ 前面和背面的裁片（材料 1）：剪切 2 片（面料 1）。

▸ 轮廓带（材料 2）：剪切 1 片（面料 1）。

▸ 翻盖（材料 3）：剪切 2 片（面料 1）。

▸ 过道带（材料 4）：剪切 1 片（面料 1）。

▸ 肩带（材料 5）：剪切 2 片（面料 1）。

物料供应

▸ 1 米白色和银色龙纹人造革，84%PVC，14% 涤棉，2% 聚氨酯漆（面料 1）。

▸ 2 米金色斜裁布条（面料 2）。

▸ 1 只黄铜色磁铁按扣。

▸ 1 只带扣针的黄铜色圈环，宽度 2.5 厘米。

▸ 3 只黄铜金属圈。

▸ 白线。

▸ 缝制厚材料用的 90 号机器针。

有肩带的包

采用了男性世界的功能主义，可可·香奈儿（Coco Chanel）把军包进行了改造：女性厌倦了拿着手提包，又怕弄丢包包。香奈儿在包上穿上一条细带，这样包包背在肩上就很方便了。

20 世纪三十年代后期，艾尔莎·夏帕瑞丽（Elsa Schiaparelli）制造肩带腰包，并在"二战"法国被占领时期，被法国人在骑自行车时大量使用。

制作

▶ 在相应的材料上剪切图纸裁片。

安装磁铁按扣

▶ 用可擦除笔标记按扣的位置。

▶ 安装按扣：阳侧安在翻盖内侧，阴侧安在前面裁片上。请参见逐步安装磁铁按扣。

P.78

准备轮廓带

▶ 制作过道带。沿着长边在材料 4 的 1 厘米处折叠。将这材料切成 3 等份（见图纸），并在距离边缘 0.6 厘米的地方明针缝制。

▶ 将它们的位置标记在轮廓带上，如图纸所示。

▶ 将过道带横穿轮廓带安装，并将其在边缘 0.7 厘米的位置缝合（图 1）。

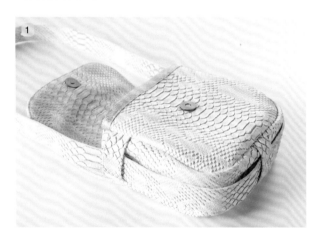

准备肩带

▶ 将材料 5 的肩带反面相对叠放，并用双面胶或布胶粘合。

▶ 在边缘 1 毫米处缝合。

▶ 将肩带一端穿入带针的扣环，在 5 厘米处折叠并缝合。

▶ 用剪刀的尖端切一个小口让扣环的针通过。

▶ 在肩带的另一端，用可擦笔标记孔眼的位置。找到打洞钳和一把锤子打洞并安装眼孔（图 2）。

安装翻盖

▶ 通过将 2 个材料 3 片裁片正面相对放置缝在一起来组成翻盖，并在平坦的顶部边缘（和包的背面裁片组装一起）上留 10 厘米的开口。

▶ 在圆边剪切一些开口，剪出边角，并返回到正面（步骤 1）。

▶ 使用可擦除的笔标记包背面的翻盖位置，并将其先后在距离边缘 0.1 厘米和 0.6 厘米的位置缝合（步骤 2 和步骤 3）。

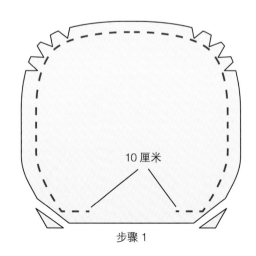

10 厘米

步骤 1

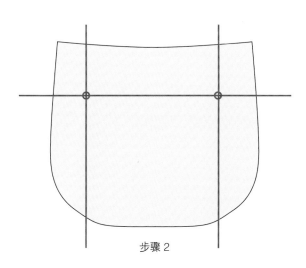

步骤 2

安装包的主体部分

▶ 在前面裁片的顶部安装布条（材料 1）。

▶ 在组装包的不同面和轮廓带，将裁片正面相对缝制。

▶ 从包底部开始围绕包缝线安装布条。结束包的缝制（图 3）。

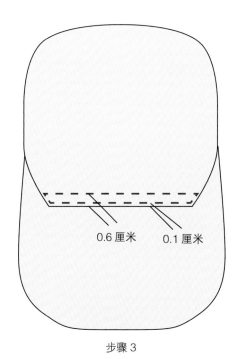

0.6 厘米   0.1 厘米

步骤 3

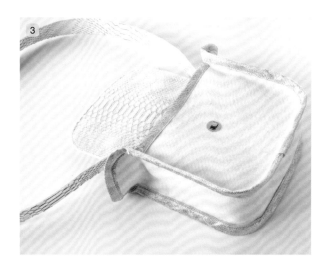

3

铆钉挎包

挎包使用磁铁按扣关合，按扣隐藏在托带下面。包的特点在于铆钉装饰和布料的混搭。

图纸裁片

- 前面和背面裁片（材料 1）：剪切 2 片（面料 1）。
- 轮廓带（材料 2）：剪切 1 片（面料 1）。
- 翻盖（材料 3）：剪切 2 片（面料 1）。
- 里衬，前面和后面裁片（材料 1）：剪切 2 片（面料 2）。
- 里衬轮廓带（材料 2）：剪切 1 片（面料 2）。

物料供应

- 1 米海蓝仿麂皮布料（面料 1）。
- 50 厘米棉质火烈鸟印花图案面料，100% 棉（面料 2）。
- 1 米绒布热粘合布。
- 50 厘米中等厚度热粘合布。
- 2 米棉质海军蓝的托带，宽度 2.5 厘米。
- 2 盒黄铜色铆钉，每盒 20 个。
- 2 条 65 厘米金属色泽镶边。
- 2 只黄铜金色磁铁按扣。
- 相协调的海军蓝线。

款式十五：小挎包
(续篇)

制作

▶ 在相应物料中切出裁片。

▶ 把包的前后裁片和轮廓带裁片用中等热粘合布进行热融合（材料1）。

▶ 用中号热压机把包的角料粘贴上去（面料2）。

准备翻盖

▶ 用粉笔标记翻盖托带的位置。

▶ 在距离边缘1毫米处缝合托带，往下空出10厘米的托带（用于安装磁铁按扣）。

▶ 将翻盖上安装铆钉：在仿麂皮正面上用铆钉刺洞，然后在反面上压平这些铆钉枝杈。

▶ 剪切绒布热粘合的翻盖材料，并在翻盖顶部背面热粘合一层厚绒布（这样可以使一面蓬松，使翻盖加厚）。

▶ 使用拉链压脚把翻盖的顶部和下部的3边缝合，去除边角料，翻转。

安装磁铁

▶ 将磁铁的顶部安装在托带上。

▶ 将磁铁的下部安装在包上（图1）。

安装包的主体部分

▶ 用拉链压脚在包的前后裁片上（材料1）上安装镶边。参见分步制作安装镶边。P.56

▶ 将包的轮廓与正面组装，然后与背面组装。

▶ 标记翻盖的位置并将其缝在包的背面。

▶ 将背带放在两侧，翻出3厘米，并在1毫米和3厘米处缝制明线（图2）。

组装里衬

▶ 组装里衬：里衬的轮廓（材料2）与里衬的正面和背面（材料1）组装一起，在底部留下一个开口。

▶ 将里衬缝在包入口处，正面相对，然后缝合。

▶ 用纹理针脚缝制（请参阅第9页），以便将其很好地贴合在包内。

▶ 用开口处翻转包，用手或在机器上用平滑的针脚缝合开口。

撒哈拉风情包

这款包的翻盖是一个大拉链口袋。它有两个大弹簧环。休闲外观和民族印花容易激发出度假的欲望。

图纸裁片

- ▸ 前面和背面的裁片（材料 1）：剪切 2 片（面料 1）。
- ▸ 包底（材料 2）：剪切 1 片（面料 1）。
- ▸ 翻盖（材料 3）：剪切 2 片（面料 2）。
- ▸ 肩带（材料 G）：1 份（面料 2）。
- ▸ 前面和背面衬里裁片（材料 1）：剪切 2 片（面料 3）。
- ▸ 包底里衬裁片（材料 2）：剪切 1 片（面料 3）。
- ▸ 翻盖（材料 3）：剪切 2 片（面料 3）。

物料供应

- ▸ 1 米巧克力色绒布（面料 1）。
- ▸ 50 厘米亚马孙提花面料，64% 涤棉，36% 棉（面料 2）。
- ▸ 50 厘米芥末黄单色棉质纱布，100% 棉（面料 3）。
- ▸ 50 厘米中等厚度热粘合布。
- ▸ 1 条 60 厘米长镍质拉链（巧克力色边）。
- ▸ 1 条直径 1 厘米的细镍环。
- ▸ 1 厘米的镍质头仿麂皮流苏拉环。
- ▸ 2 只大镍质环。
- ▸ 2 只直径 3 厘米镍质圆弹簧扣。
- ▸ 1 只调整镍质环，长 2.7 厘米。
- ▸ 栗色线。

制作

▸ 在相应材料中的剪切裁片。

▸ 将包的前面和后面的裁片（材料 1）和包的底部（材料 2）用绒布热粘合布进行热粘合。

准备翻盖

▸ 围着翻盖安装拉链，正面相对缝制。

▸ 在拉链下面安装里衬然后缝制。

▸ 在拉链上安装拉链流苏（图 1）。

组装袋子的主体

▸ 将包的前部和底部组装，正面相对。缝制穿过包的正面和背面要小心（请参阅购物包，第 21 页）。

▸ 将翻盖固定在包背面的部分，接着缝制。

▸ 里衬：安装里衬的正面、背面和轮廓，与外层织物的缝法相同（在包底部留下开口）。

▸ 将里衬放在袋子入口处，缝制，翻出包并在手中或机器上用平滑的针脚缝合开口。

安装孔眼

▸ 将两个小孔安装在袋子的每一侧的厚边上（请参见分步制作安装金属圈）。

装上肩带

请参见分步制作肩带和扣环。

▸ 沿边折叠 1 厘米。

▸ 将织物条纵向折叠成两半，并用针标记折叠线（像斜裁布料那样）。

▸ 将带子绕过调节环的中心杆，将其折叠起来，并在末端缝制。

▸ 将带子穿过弹簧扣，然后熨烫调节环中带子，穿过第二个弹簧扣，折叠 5 厘米，翻过来，然后明针缝制（图 2）。

款式十七：梯形包
中级水平

凯莉包

爱马仕的凯莉包是具有划历史意义的包款，启发我们创造这款黄色凯莉包。它的衬布对展现好的技艺是非常重要的。

图纸裁片

- 前面和背面的裁片（材料1）：剪切2片（面料1）。
- 包侧边裁片（材料2）：剪切2片（面料1）。
- 包底裁片（材料3）：剪切1片（面料1）。
- 翻盖（材料4）：剪切2片（面料1）。
- 手柄（材料5）：剪切2片（面料1）。

- 里衬前面和后面裁片，带拉链的口袋裁片（材料1）：剪切4片（面料2）。
- 里衬侧边裁片（材料6）：剪切4片（面料2）。
- 里衬底裁片（材料7）：剪切2片（面料2）。

物料供应

- 1米装饰芥末黄布，toffy 天鹅绒材质，62% 涤棉，20% 聚酰胺，18% 腈纶（面料1）。
- 1米菠萝印花布里衬，100% 棉。
- 2只金色磁铁按扣。
- 1条25厘米金色拉链（里衬口袋），白色边，或者胚布边。
- 黄色线。

凯莉包

由爱马仕设计，起源于1892年创建的鞍袋，于1956年再创造并改名为凯莉。得益于当时一位卓越的美国女演员格蕾丝·凯莉，后成为摩纳哥王妃，格蕾丝带着凯莉包出现在著名的《生活》杂志封面上。作为名牌包包的典范，同时出于对消费社会以及人们对 IT 包的狂热的质疑，视觉艺术家西尔维·夫拉里（Sylvie Fleury）将这款手袋用青铜制成了艺术品。这个雕塑以 18 000 欧元的价格被拍卖给德鲁奥拍卖行（Drouot）。

款式十七：梯形包
（续篇）

制作

▶ 在相应的材料上剪切裁片。

▶ 我们在这个包上不使用热粘合布，因为选择的面料较厚。

准备里衬

▶ 凯莉包的里衬有 3 个隔层，其中 1 个由拉链封闭。

▶ 安装拉链。

请参阅分步制作安装拉链。 *P.12*

▶ 在里衬的侧边裁片之间缝合形成的口袋（材料 1）。

▶ 把全部裁片和包底缝合（在包底开口，便于翻转）。

安装磁铁按扣

▶ 用可擦除笔在包前部标记磁铁按扣的位置（材料 1）
（图 1）。

▶ 用剪刀的尖头剪口（非常小的口），以便把磁铁按扣的
枝杈穿过（图 2）。

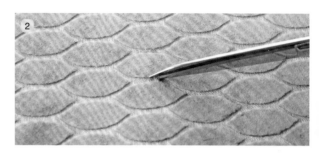

▶ 把磁铁的枝杈穿过小孔，在下面放置铁板便于把这枝杈
压平（图 3）。

▶ 每侧翻盖以同样的方式安装磁铁的另一部分（阳侧）（材
料 4）（图 4）。

准备手柄

▸ 每边折叠 1 厘米。

▸ 把手柄折叠成两部分，向布条那样，然后熨平。

▸ 在每个端头明针缝制。

准备翻盖

▸ 将翻盖的顶部与底部组装在一起，正面相对放置（将顶部边缘打开，稍后将其安装在包上）。

▸ 解开角落，平滑圆角，翻身和挤压。

▸ 把手柄安装在翻盖上，按方形缝制。要缝制方形针迹，请参阅运动包的图示（见第 53 页）。

▸ 在距离边缘 1.5 毫米处用明针缝合翻盖的背部，并在沿着翻盖周围继续这样缝制。

▸ 将翻盖安装在包的背面上，并在前面明针针迹之上，距离包背面 0.5 毫米的距离缝制。

组装包的主体

▸ 用轮廓裁片组装包前面和背面裁片，之后组装包底。

▸ 把里衬安装在包的入口处，正面相对用别针别住，然后2 步将它们组合，先前面后背面的裁片：先缝制包的一侧，再处理另一侧，因为拉链口袋可能会干扰操作。

▸ 将包通过预留的口翻转到正面，然后在手上或机器上用平滑的针脚缝制。

梯形包

一个超级实用的包，可以放置 A4 大小的文件夹或出差用。前后两个外表面是不同的，里衬可以使用和外表相同的材料缝制。

缝制裁片

- 前面和背面裁片（材料1）：剪切1片（面料1），1片（面料2）。
- 侧面裁片（材料2）：剪切2片（面料1），2片（面料2）。
- 侧面条带裁片（材料3）：剪切2片（面料2）。
- 包底部裁片（材料4）：剪切1片（面料2）。
- 肩带的狭带（材料F）：剪切2片（面料2）。
- 肩带（材料G）：剪切1片（面料2）。
- 衬里前面和背面裁片（材料7）：剪切2片（面料1）。
- 衬里侧面条带裁片（材料3）：剪切2片（面料1）。
- 包底部衬里裁片（材料4）：剪切1片（面料1）。
- 衬里口袋（材料8）：剪切1片（面料2）。

物料供应

- 1米民族风装饰黑白相间面料（面料1）。
- 1米酒红色府绸面料（面料2）。
- 1米中等厚度热粘合布。
- 1只金色磁铁按扣。
- 6只金色方形环。
- 1只金色可调节环，宽度2.5厘米。
- 2只金色磁铁按扣。
- 2只弹簧扣。
- 酒红色线。

款式十八：梯形包
（续篇）

制作

▸ 在相应材料中剪切对应的裁片。
▸ 在这个包上不用热粘合布，因为选择的两种面料都很厚。

制作肩带和扣环

制作肩带和狭带

▸ 准备肩带：每边折叠 1 厘米，将织物条折叠成两部分像布条那样并熨烫。
▸ 沿肩带在边缘 1 毫米处明针缝制，然后在 5 毫米处缝制。
▸ 在肩带的一端，插入弹簧扣，折叠 5 厘米并折叠 2 次。在折回的边缘缝制（图 1）。
▸ 将肩带穿过中心杆上方的滑动环并插入弹簧扣。

▸ 通过将另一端绕过滑动环的中心杆形成一个圈。折叠 5 厘米，然后再折两次，然后在靠近扣环的折回部分的边缘缝合（图 2）。
▸ 准备狭带：以与制作肩带相同的方式进行。

▸ 插入环，根据图纸上标记的位置将狭带缝制在包上。折叠然后以方形缝合固定两端（图 3）。

安装内袋

▸ 里衬中部，准备安装贴合的口袋。
（参见分步制作一个简单的口袋）。

P.16

▸ 在材料 7 上安装磁铁按扣（里衬前面和背面裁片的中部）。
（参见分步制作安装磁铁按扣）。

P.78

安装包的主体部分

▸ 把 3 片前面裁片和 3 片背面裁片组装。注意色调是相反的：第 1 个裁片是：单色面料，印花面料，单色面料。第 2 个裁片是：印花面料，单色面料，印花面料。

- 打开接缝，然后在所有裁片的接缝的每一边 0.5 厘米处明针缝制。
- 组装包侧边的带子（材料 3）。
- 缝制袋子的底部（小心完全按照标记来，因为包的底部比侧面的带子宽）。剪口并把裁片旋转到背面裁片的前方（图 4）。

组装里衬

- 把前面背面和轮廓带裁片组装。
- 组装包底。在包底部留下一个开口。
- 把里衬安装在包的入口处，裁片正面相对缝制，借助别针别住，然后组装它们。
- 借助包底的开口将包翻转，然后在手中或机器上用平滑的针脚缝制。

款式十九：别致的包包
中级水平

绗缝翻盖

香奈儿款包

这款手包模仿香奈儿包（时尚历史中不容错过的包包之一）的样子，采用哑光翻盖。相当容易制作，这款包包将天鹅绒光泽的优雅和运动感相融合，是时髦的人们必备的单品。

图纸裁片

- 前面裁片（材料 1）：剪切 1 片（面料 1）。
- 背面裁片（材料 2）：剪切 1 片（面料 1）。
- 轮廓带（材料 3）：剪切 1 片（面料 1）。
- 翻盖上面（材料 4）：剪切 1 片（面料 2）。
- 翻盖下面（材料 5）：剪切 1 片（面料 2）。
- 里衬前面和背面裁片（材料 1）：剪切 2 片（面料 3）。
- 里衬轮廓带（材料 3）：剪切 1 片（面料 3）。
- 口袋窗口（材料 D）：剪切 1 片（面料 3）。
- 口袋底（材料 E）：剪切 1 片（面料 3）。

物料供应

- 50 厘米发泡橡胶布料（面料 1）。
- 50 厘米黑色天鹅绒面料（面料 2）。
- 50 厘米哔叽棉布料，印花面料，100% 棉（面料 3）。
- 50 厘米绒布热粘合布。
- 50 厘米薄热粘合布。
- 50 厘米半硬塑料热粘合布。
- 1 条 125 厘米金色链条。
- 2 只金色磁铁按扣。
- 2 只大金色孔环。
- 2 只黑色小按扣。
- 1 条螺纹塑料材质黑色拉链，13~15 厘米。
- 黑线。

香奈儿 2.55 包

著名的皮革或平纹手提包，采用绗缝图案，直接受到在跑道上的格纹夹克衫的马夫外套的启发。自 1955 年创立以来，每一季，香奈尔 2.55 包包都会由卡尔·拉格菲（Karl Lagerfeild，香奈尔品牌的创意设计总监）从牛仔布、酒椰叶纤维、海绵、闪光片、乙烯基、金色或银色，巨大或微小的材质中赋予新的创造性灵感。虽然制造需要一百八十个操作步骤，也没有让其衰落，反而成为时尚中的经典！

制作

▸ 在对应的材料上剪切裁片，数量按照图纸要求。

准备翻盖

▸ 在翻盖的底面（材料 5），用 1 层厚度薄热粘合布粘合。
▸ 标记磁铁按扣的位置并将它们放置在翻盖的底部。它们不能出现在顶部。
▸ 在翻盖的上面（材料 4），热粘合 3 层绒布热粘合布（加厚纡缝更漂亮）（图 1）。

▸ 使用尺子，在翻盖上画平行线，彼此相距 4 厘米。画出垂直于第一组的线，均匀的 4 厘米间隔。你会得到一个规则的网格（图 2）。

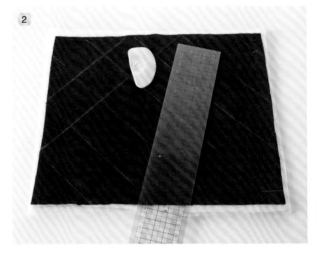

▸ 沿着线迹缝制（在每条线末端可以缝合，转动，沿着织物边缘，然后再继续缝 4 厘米远的线）。翻盖的顶部现在被纡缝好了（图 3）。

▸ 组装没有绗缝的翻盖底面，在装配线前 1.25 厘米位置停留并在此位置开口。

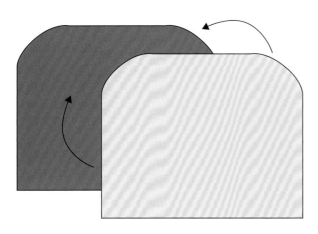

▸ 标记孔环的位置，并将孔环安在翻盖上，每一层卡进去（图 4）。

在里衬里准备安装口袋

▸ 制作窗口口袋。
（参见分步制作窗口拉链口袋）

▸ 把剩下的里衬裁片组装（正面、背面和轮廓，材料 1 和材料 2），在底部的接缝处留下约 20 厘米的开口。

准备包的主体部分

▸ 用 2 层厚度的薄热粘合布将包的轮廓带（材料 3）热粘合。
▸ 对于前面和后面裁片，准备 2 层厚度的薄热粘合布。切割 2 片材料 1 和材料 2，在塑化半硬热粘合布上剪切掉四周 1.25 厘米的布料。把半硬的热粘合布放中间使两个厚度的薄热粘合布粘合。沿着裁片正面和背面边缘 0.7 厘米处缝制加固。这将会很好地保持包的形状。
▸ 在翻盖的上面距离针 1 厘米处进针，在包的背面根据标记在距离边缘 0.1 厘米和 0.5 厘米的距离明针缝制（不要拿下接缝下的翻盖）。

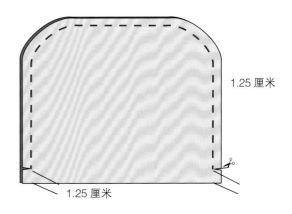

1.25 厘米

1.25 厘米

组装包

▸ 组装轮廓。注意后背翻盖下包的角：每个接缝都需要缝到同一点。

▸ 根据图纸定义的位置安装按扣。

▸ 组装里衬并翻出。

注意：在翻盖处，里衬与底部缝合。

▸ 通过里衬的开口，在包内部做一个纹理针脚（见第9页），以使里衬保持良好的贴合状态。

▸ 在手中或机器上用平滑的针脚缝合开口。

包完成了。你只需要再穿上一根链条。
这个链条需要借助老虎钳来关合，如第13页安装链条中所解释的那样。

款式二十：别致包包

获得认可的水平

信封包

想象一个小包，赋予了一个邮政信封的形状。信封包，可以拿在手里，也可以用链条拎着。选择灰色和蓝色的色调来突出它的拼接效果。

图纸裁片

- 前面的裁片 – 下部（材料 1）：剪切 1 片（面料 1）。
- 前面的裁片 – 上部（材料 2）：剪切 1 片（面料 2）。
- 包背面的裁片（材料 3）：剪切 1 片（面料 1）。
- 轮廓带（材料 4）：剪切 1 片（面料 1）。
- 翻盖上面（材料 5）：剪切 1 片（面料 3）。
- 翻盖下面（材料 6）：剪切 1 片（面料 3）。
- 包入口贴边（材料 7）：剪切 2 片（面料 1）。
- 穿环狭带（材料 8）：剪切 2 片（面料 1）。

- 里衬前面和后面的裁片（材料 9）：剪切 2 片（里衬）。
- 里衬轮廓带（材料 10）：剪切 2 片（里衬）。
- 包底部里衬裁片（材料 11）：剪切 1 片（里衬）。
- 口袋窗口（材料 D）：剪切 1 片（面料 3）。
- 口袋底（材料 E）：剪切 1 片（里衬）。

物料供应

- 50 厘米鼹鼠灰装饰花布，天鹅绒面料，62% 涤棉，20% 聚酰胺，18% 腈纶（面料 1）。
- 50 厘米银色人造革，55% 聚氨酯漆，45% 黏胶纤维（面料 2）。
- 50 厘米仿麂皮海蓝面料（面料 3）。
- 50 厘米印花里衬。
- 2 只小直径 1 厘米镍质环。
- 2 只链条的镍质弹簧钩。
- 15 厘米的镍质拉链，灰色或海蓝色。
- 1 只隐形磁铁按扣。
- 1 米中等厚度的热粘合布。
- 50 厘米薄热粘合布。
- 海蓝色线。

款式二十：别致包包
（续篇）

制作

▶ 在相应的材料上剪切图纸裁片。

准备材料

▶ 用中等厚度的热粘合布粘合包的轮廓（材料 4 ）。

▶ 用中等热粘合布粘合正面、背面和翻盖的裁片（材料 1、2、3、5、6 ）。

▶ 用薄热粘合布粘合窗口口袋，翻边和里衬（材料 9、10、11、D、E ）。

安装隐形磁铁按扣

▶ 根据图纸在里衬的反面标记磁铁按扣的位置。

▶ 用胶水粘合按扣或用小块双面胶粘合。

▶ 用拉链压脚圆形围绕缝制（图 1 和图 2 ）。

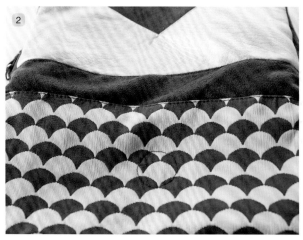

▸ 在翻盖的下面用同样的方式安装磁铁按扣的另一部分。
（材料6）（图3）。

准备翻盖

▸ 把翻盖的上面和下面组装（材料5和材料6）。

▸ 注意：不要沿着翻盖的边缘缝到尽头，在距离翻盖下面
边缘1厘米的位置停止。

▸ 去除边角。

▸ 翻转到正面，然后用纹理针脚缝制翻盖（参见第9页），
一直缝至剪角处。

准备信封面

▸ 把材料1和材料2的裁片组装。

▸ 用剪刀头开口，然后翻转结束组装。

▸ 用纹理针脚缝制。

在信封的背面制作窗口拉链口袋

▸ 在包的背面确定窗口口袋（材料D）的位置，正面相对
放置。

▸ 用可擦除笔在窗口上画出框（留出拉链的空间，把框画
在窗口中心的位置）。在框内画一条中心线（后备线）
和在边角画小对角线（燕尾一样）（步骤1）。

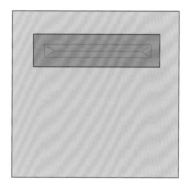

步骤1

▸ 沿着框线缝制（只在长方形框线上）（步骤2）。

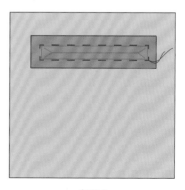

步骤2

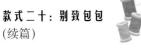
▸ 沿着后备线和燕尾线剪开（图4）。

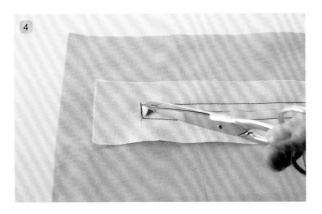

▸ 翻转，然后熨平（图5）。

▸ 在缝窗口和关口时，缝制两边的拉链（不占用大裁片）。（步骤3）。

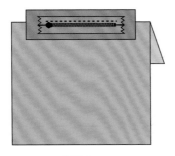

步骤3

▸ 在拉链的边上，始终不占用大裁片，在燕尾线上缝合窗口。（步骤4）。

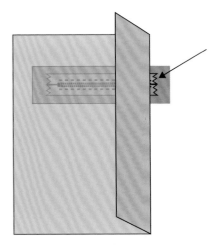

步骤4

▸ 把折叠的口袋底组装，只占用窗口、拉链、里衬相叠的一边，沿着之前的缝线缝制（参见尖头所指）。（步骤5和图6）。

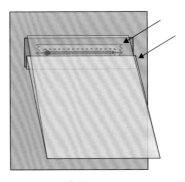

步骤5

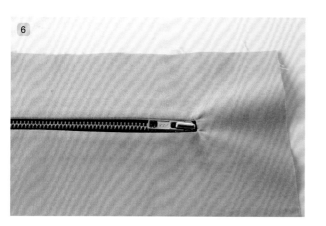

6

准备环的狭带

▸ 把狭带的每边折叠 1 厘米（材料 8）。

▸ 纵向折叠成 2 部分，熨平像布条一样。

▸ 沿着每边边缘 1 毫米处明针缝制。

▸ 参照图纸标记包轮廓（材料 4）上的环的位置。

▸ 插入环，折叠和缝合通道（用以紧紧勾住弹簧钩）。

组装包的主体

▸ 把翻盖的上面裁片和包的背面裁片缝合。

▸ 把包的轮廓、正面和背面裁片缝合。

▸ 把包的 2 片翻领边缝在一起。

▸ 把翻领缝在包的入口处（与背面相平的水平，把翻盖的下面缝合）。

▸ 沿着包入口的四周用纹理针脚缝制。

▸ 把里衬和轮廓带组装，在底部留下一个 15 厘米的开口。

▸ 把里衬和翻领组装（正面相对）。

▸ 通过底部留的口翻转包。

▸ 在手中或机器上用平滑的针脚缝合里衬。

图书在版编目（CIP）数据

设计师手作包：来自巴黎的时尚和优雅 /（法）艾斯特尔·查娜塔
(Estelle Zanatta)，（法）玛丽蓉·格朗丹（Marion Grandamme）著；
史潇潇译 . —上海：上海科学技术出版社，2019.1
（我的风尚课程）
ISBN 978-7-5478-2586-0

Ⅰ. ①设⋯　Ⅱ. ①艾⋯　②玛⋯　③史⋯　Ⅲ. ①箱包−
手工艺品−制作　Ⅳ. ① TS973.5

中国版本图书馆 CIP 数据核字（2018）第 269226 号

J'apprends à coudre des sacs © 2016 by Éditions Marie Claire –
Société d'Information et de Créations (SIC)
This translation of J'apprends à coudre des sacs first published in
France is published by arrangement with YouBook Agency, China.
上海市版权局著作权合同登记号　图字：09-2017-275 号

设计师手作包　来自巴黎的时尚和优雅

[法] Estelle Zanatta　Marion Grandamme　著

史潇潇　译

上海世纪出版（集团）有限公司
上海 科 学 技 术 出 版 社　出版、发行

（上海钦州南路 71 号　邮政编码 200235　www.sstp.cn）

上海盛通时代印刷有限公司印刷

开本 787×1092　1/16　印张 6　插页 2

字数：120 千字

2019 年 1 月第 1 版　2019 年 1 月第 1 次印刷

ISBN 978-7-5478-2586-0/TS·225

定价：58.00 元